与科学亲密接触

动物王国

智慧鸟 / 著

吉林科学技术出版社

图书在版编目（CIP）数据

动物王国 / 智慧鸟著 . -- 长春 : 吉林科学技术出版社 , 2022.10
（与科学亲密接触）
ISBN 978-7-5578-9994-3

Ⅰ . ①动… Ⅱ . ①智… Ⅲ . ①动物 – 儿童读物 Ⅳ . ① Q95-49

中国版本图书馆 CIP 数据核字 (2022) 第 230174 号

与科学亲密接触　动物王国

YU KEXUE QINMI JIECHU DONGWU WANGGUO

著　智慧鸟
出版人　宛　霞
策划编辑　王聪会　张　超
责任编辑　穆思蒙
内文设计　智慧鸟
成品尺寸　226 mm × 240 mm
开　本　12 开
字　数　50 千字
印　张　4
印　数　1– 6 000
版　次　2023 年 1 月第 1 版
印　次　2023 年 1 月第 1 次印刷
出　版　吉林科学技术出版社
发　行　吉林科学技术出版社
地　址　长春市福祉大路 5788 号出版大厦 A 座
邮　编　130118

发行部电话 / 传真　0431-81629529　81629530　81629531
81629532　81629533　81629534
储运部电话　0431-86059116
编辑部电话　0431-81629517
印　刷　长春新华印刷集团有限公司
书　号　ISBN 978-7-5578-9994-3
定　价　49.90 元

前言

科学，听上去好像很高深莫测的样子，以致很多小朋友想对它亲近，又有点儿敬而远之。上至天文，下到地理，那么多的科学知识，我们能弄得明白吗？

其实，不用担心。只要你和科学来一次亲密的接触，就一定会和科学成为“好朋友”。宇宙到底是什么形状的？我们能坐时光机回到过去、前往未来吗？海洋和地底的最深处藏着什么样的未解之谜？动物们竟然具备你想不到的超能力？神奇的建筑是怎么建成的？只要你翻开这套书，就会发现科学一点儿也不难。相反，它有趣极了，一定会让你那爱思考的小脑袋瓜儿转动得停不下来。

目录

动物界的建筑大师

动物和人类一样，对自己的家都有着特殊的感情。有些动物会用它们聪明的小脑瓜儿和灵巧的爪子，搭建出一座座令人叹为观止的小窝，堪称动物界的建筑大师。

中华攀雀

中华攀雀筑造的鸟巢有两道“门”。假入口专门用来迷惑蛇类，让它以为这是一个空鸟窝，而真正的入口十分隐蔽，是由具有弹性的植物纤维制成的，安全又便利。

群居织巢鸟

群居织巢鸟喜欢生活在一起，它们的鸟巢挂在树上，就像一个巨大的公寓。这种用枯草建成的鸟巢能够抵御白天的酷热和夜晚的严寒，舒适度极高。

欧亚攀雀

绵羊冬毛脱落的时候，正是欧亚攀雀筑巢的时候，聪明的鸟儿会薅许多羊毛，然后用喙缠绕并织出绒毛质地的鸟巢，柔软又暖和。

獾

獾很擅长挖洞，它的巢穴中有许多房间，像一个巨大的迷宫。獾很爱干净，它们会保持自己巢穴的卫生，让巢穴处于简洁舒适的状态。狡猾的狐狸故意在獾的巢穴洞口前排泄，就是为了逼走爱干净的獾，霸占它的巢穴。

园丁鸟

每到繁殖季节，雄园丁鸟就会用梳理过的树枝编制一个又大又圆的鸟巢，并用一些红果子、黄树叶和花朵进行点缀，因为只有建出了漂亮又坚固的“婚房”，才能引来雌鸟的关注。

蜜蜂

世界上所有的蜜蜂在修建蜂窝时都有一个统一的标准，那就是蜂房由无数个正六边形组成。据研究表明，正六边形的蜂巢，密合度最高、所需材料最少、可使用的空间最大。

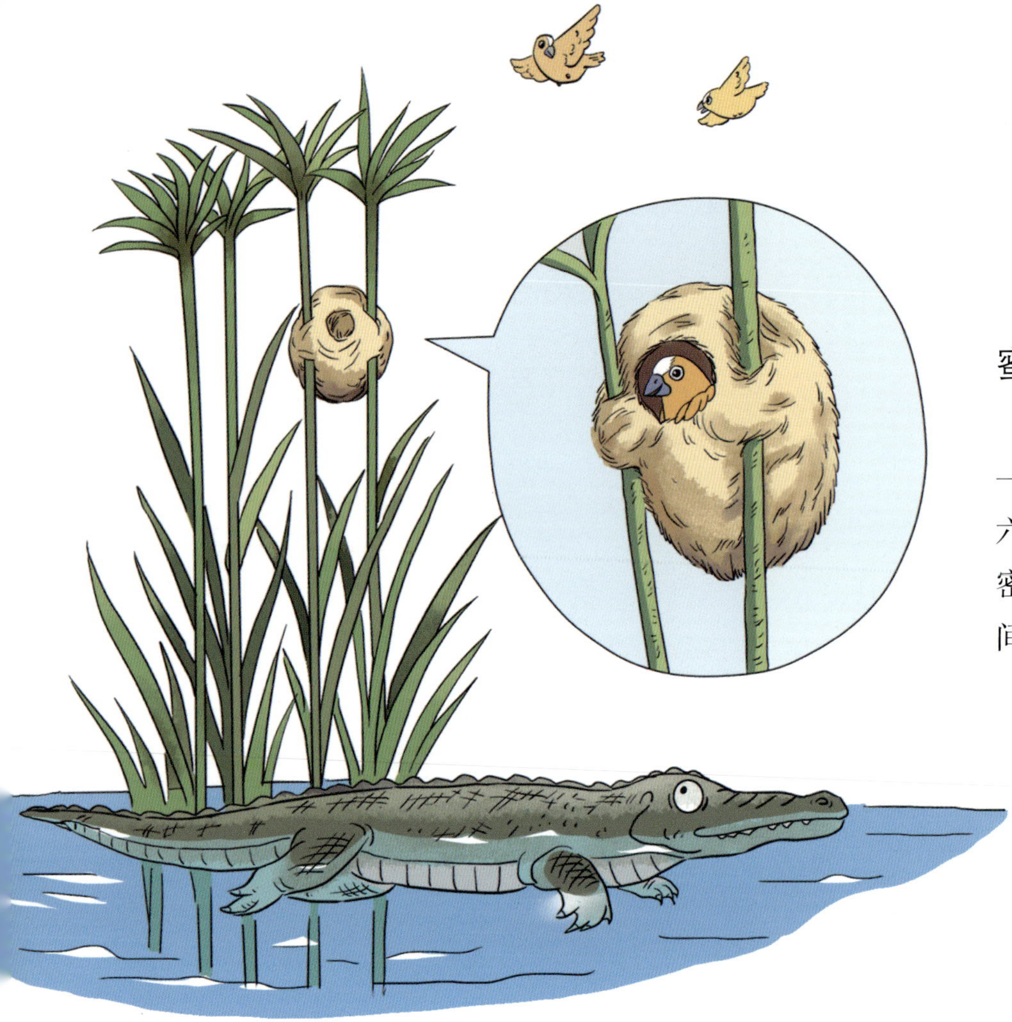

厚嘴织雀

为了保护幼鸟，厚嘴织雀会将鸟巢搭建在离水面很高的地方。它们利用两根纸莎草的茎和草叶建造出球形巢，轻巧又暖和。幼鸟生活在高高的水面上，天敌鳄鱼和河马都不会对它们构成威胁。

河狸

河狸被称为“水坝工程师”，它们擅长分工合作，共同用树枝、石头和泥块堵住河流的去路，来营造适合它们生存的湿地环境。它们的小屋有出口、入口和通气孔，河狸们在里面休息、觅食、繁衍后代。

哇，这里有好多土堆！
这些是白蚁巢吗？
没错，这是巴西有名的白蚁王国。
这些白蚁巢像小山一样高！
带有腐败气息的空气从通风井排出
新鲜空气从蚁冢口进入到白蚁巢内部
菌物花园
起居室和育儿室
王室
最高的白蚁巢有3米多高，还不算地下的部分。
你们知道这里为什么全是白蚁的地盘吗？
蚁多咬死象，肯定没有动物敢来和它们抢地盘。
哈哈，这也没错！
白蚁把地下钻空了，植物无法生存，人们也不能在这里修建房屋。
完全正确！

动物界的伪装高手

有的动物为了生存，不得不练就一身伪装的本领，在遇到危险时，能凭借着高超的伪装技巧逃过一劫。

林鸱

林鸱是一种昼伏夜出的小鸟，它白天站在树枝上一动不动，就像一截断了的树枝。它的皮肤颜色和树皮颜色极为相似，当它静止的时候，再狡猾的敌人也很难发现它。

欧夜鹰

欧夜鹰披着一身枯叶色的羽毛，这让它在白天可以放心地缩在枯叶堆里睡觉，即使天敌狐狸或者隼经过，也很难发现它。

多音天蚕蛾

当多音天蚕蛾被小鸟追赶时，它会迅速降落到树干上，然后张开翅膀，露出翅膀上像猫头鹰眼睛一样的斑纹，以吓走小鸟，它这样的伪装能够吓跑不少敌人。

天蛾毛虫

当天蛾毛虫发现危险时，它会将腿和头部缩进身体里，然后膨胀背部，使其看起来就像一条蛇，鸟儿自然不敢招惹它了。

撒旦叶尾壁虎

撒旦叶尾壁虎有一条像枯叶一样的尾巴。它会蜷曲身体伪装成一片干皱的枯叶，它还可以根据环境变换体色。

竹节虫

当危险靠近时，竹节虫会很淡定地将自己挂在树枝上，随风悠闲地摆动着身体，伪装成一根树枝，巧妙地将自己隐藏起来。

枯叶蛱蝶

当被捕食者追赶时，枯叶蛱蝶会迅速落在树叶间，收起翅膀，将自己伪装成一片枯叶。在捕食者的眼中，它就像突然消失了一样。

兰花螳螂

东南亚的热带雨林中生长着各种兰花螳螂，它们长得酷似兰花，躲在花丛中，诱捕路过的蜜蜂、苍蝇和蝴蝶。

变色龙

变色龙皮肤的基本颜色是绿色，但是它可以根据周围环境随时变换体色和花纹，无论是逃命还是捕猎都极具优势。

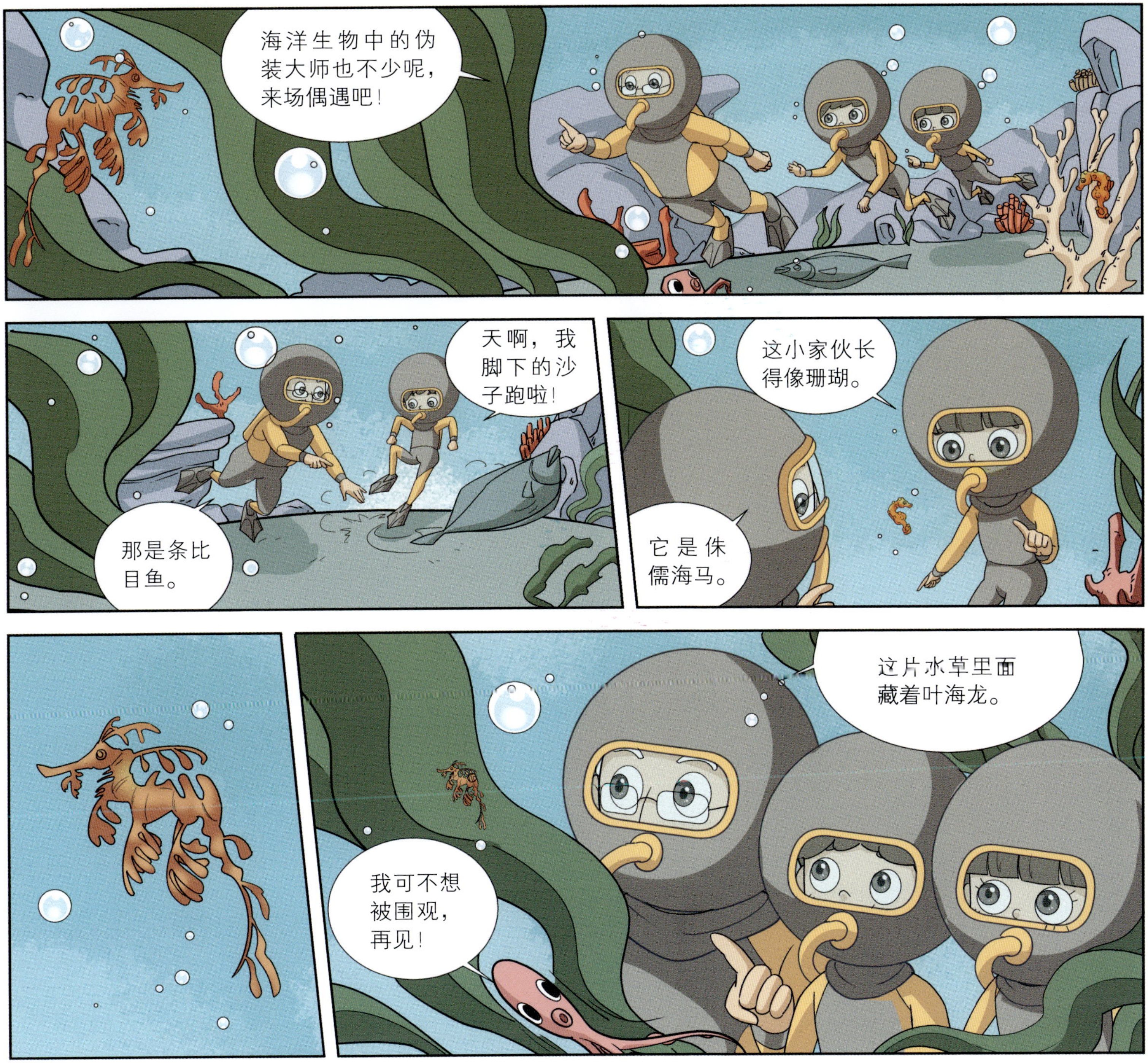
海洋生物中的伪装大师也不少呢，来场偶遇吧！
天啊，我脚下的沙子跑啦！
那是条比目鱼。
这小家伙长得像珊瑚。
它是侏儒海马。
这片水草里面藏着叶海龙。
我可不想被围观，再见！

和谐相处的房东和房客

在自然界中，有的动物会为了争夺地盘大打出手，也有的动物会互相帮助，比邻而居，和谐共处。

小丑鱼和海葵

海葵满身都是有毒的刺细胞，但小丑鱼却选择在这片“剧毒之地”安家。色彩艳丽的小丑鱼帮助海葵吸引猎物，海葵则为小丑鱼提供庇护之所，它们谁也离不开谁！

文蛤和圆豆蟹

文蛤的身体中居住着豆子大小的房客——圆豆蟹。文蛤就是圆豆蟹的“堡垒”，作为回报，圆豆蟹会帮助文蛤清理掉体内多余的浮游生物。

枪虾和虾虎鱼

视力很弱的枪虾很难发现身边的敌人，而它的房客虾虎鱼却有一双敏锐的眼睛。因此，枪虾很欢迎自己的洞穴里住进来一位可以预警的房客。

珊瑚和虫黄藻

珊瑚的排泄物中含有丰富的氮，是微小植物虫黄藻生存的必需品，因此，它特别喜欢在珊瑚体内安家，而虫黄藻会将自己光合作用产生的 80% 的养分回报给珊瑚。

海绵蟹和海绵

为了伪装自己，海绵蟹通常会将海绵固定在自己的背上，而不能移动的海绵也正好可以趴在邻居背上遨游大海。

高原鼠兔和褐背拟地鸦

高原鼠兔的洞穴可以躲避寒冷和食肉动物的侵袭，因此，许多小型鸟类和蜥蜴都很喜欢与它共栖，褐背拟地鸦是其中的房客之一。它平时为高原鼠兔放哨，遇到危险便会一起躲起来。

白蚁和披发虫

白蚁以坚硬的木头为食，可自己却消化不了，好在它们肠胃里的房客披发虫能将木头中的纤维素分解成葡萄糖，为房东和自己提供养分。白蚁会让刚出生的宝宝舔自己的肛门，以便将披发虫传送给它们。

百舌鸟和金黄鼠

春夏之季，百舌鸟会到金黄鼠的洞穴里去产卵、孵卵和育雏，大方的金黄鼠还会替它照顾宝宝，而金黄鼠让百舌鸟住在家里的原因，仅仅是因为喜欢听它“唱歌”。

那几条鱼胆子真大，竟然敢围攻鲨鱼！
那是鲫鱼，它们吸附在鲨鱼身上，可以帮助鲨鱼清理身体表面的寄生虫。
哎呀，它怎么吸在我脚上呢？我又没有吃的给它！
鲫鱼并不是一直吸附在鲨鱼身上的，它经常会更换吸附对象，包括潜水员也是它的“房东”之一。
真是一个爱搬家的“房客”啊！

对面的女孩看过来

每到繁殖季，雄性动物们都会开始绞尽脑汁地表现自己，期待能够获得雌性同类的芳心。

象海豹

雄性象海豹之间的竞争非常激烈，它们互相碰撞、撕咬，只有获胜者才有机会获得雌性象海豹的关注。

北极燕鸥

雄性北极燕鸥会用美味的小鱼来吸引雌性北极燕鸥，当雌性看中某只雄性时，便会接受它的投喂，继而展开一场飞行婚礼。

马鹿

秋季，雄性马鹿们常面对面此起彼伏地吼叫。谁的声音更响，叫得更久，鹿角更大，就代表谁更强壮，更能获得雌性的青睐。

白头海雕

相爱的白头海雕会在高空中紧紧握住对方的爪子，继而一边旋转一边下落，直到落地前才会松开彼此，经历过这样生死考验的伴侣会彼此相依，厮守终生。

绿安乐蜥

雄性绿安乐蜥求偶时，会吹大颈部粉红色的大褶皱，颜色越鲜亮，越受雌性欢迎，因为这代表寄生在雄性绿安乐蜥身上的、可以吸血的螨很少，它的身体很健康。

地中海实蝇

雄性地中海实蝇个体分泌的信息素非常少，很难被雌性感知到，因此，每到繁殖季节，雄性们就会聚集在一起分泌信息素，找到配偶后举办一场大型的集体婚礼。

座头鲸

雌性座头鲸会选择歌声优美的雄鲸作为自己的配偶。被选中的雄鲸需要进行一场追逐大赛，谁能追上雌鲸，并一直伴随它左右，谁便是最终的优胜者。

美鳍亮丽鲷

雌性美鳍亮丽鲷喜欢在海螺壳里产卵，所以雄性美鳍亮丽鲷会尽量多地收集海螺壳，以此吸引雌性，繁育更多的后代。

白斑河豚

体长只有 12 厘米左右的雄性白斑河豚会在海底建造一座直径约 2 米的巨大“婚房”，喜欢这间婚房的雌性会游到中央区域，与雄性一起生儿育女。

青蛙们叫了一个晚上了，它们不累吗？
青蛙叫，大雨到，今晚有雨！
青蛙一般在雨季求偶，而雌性喜欢叫声洪亮的雄性，所以它们才会不停地叫。
原来是这样啊。
雄蛙每晚大约叫7000声才可能吸引到雌蛙。
我像不像青蛙王子？
呃，你说像就像吧！

生存不易，各显神通

为了能够在危险的大自然中存活下去，动物们练就了一身独特的保命技能，这些神奇的技能真是让人大开眼界，大呼神奇。

角蜥

角蜥遇到危险时，能从眼睛里喷出一股血液，射程大约有1米，虽然没有什么伤害性，但还是能震慑迎面而来的敌人。

负鼠

当负鼠被敌人追赶得无路可逃时便会倒地装死，装死时负鼠不但没有心跳和呼吸，还会散发出腐臭的味道。食肉动物会因此判定它已经死去，从而放弃猎捕。

黑脉金斑蝶

黑脉金斑蝶的主要食物是有毒的植物——马利筋。因此，它们体内也有一定的毒性，很少有动物将它作为食物。

黄凤蝶幼虫

黄凤蝶幼虫头部的橘黄色小角能够散发出非常古怪的臭味，令很多鸟儿难以忍受，鸟儿们宁愿舍弃到嘴边的美食也不愿意去动它。

臭鼬

很少有动物愿意去招惹臭鼬，因为它的屁不仅奇臭无比，还有催泪的作用，并且一旦被臭鼬的屁喷中，身上很长时间都会被臭味环绕，难以除去。

桑氏平头蚁

积蓄在桑氏平头蚁身体里的蚁酸具有腐蚀性，一旦在斗争中落入下风，工蚁便会自爆伤敌，因此，它们的别称为“爆炸蚂蚁”。

刺鲀

刺鲀腹部有一个气囊，遇险时它会快速吸入大量的水或空气，将自己变成一个巨大的刺球，吓跑敌人。

海星

如果遇到致命的危险，海星便会舍弃自己的腕足或者身体其他部位，获取逃命的机会，因为它具有超强的再生能力，失去的部分很快就能长出来。

玻璃猫鱼

玻璃猫鱼的身体像玻璃一样透明，头部和鳃若隐若现，一旦发现危险来袭，它们只要把头部和鳃藏在水草中，就能巧妙地躲避敌人。

空中小分队，
准备降落啦！
别这么凶，
我不会伤
害你们的。
阿豪，赶紧躲
起来！黑尾鸥
要投弹啦！
妈呀，救
命啊！
黑尾鸥把我们当
成敌人了。它们
遇到敌人就会在
空中排便，将敌
人赶走。
“粪便轰炸队”
果然名不虚传！
天啊，我全
身都是黑尾
鸥的粪便！

我要睡觉——夏眠和冬眠

在缺少食物的冬季和炎热的夏季，很多动物会选择睡大觉，因为睡觉能减少消耗，保存体力，让自己更长久地生存下去。

尼罗鳄

每到旱季，非洲的尼罗鳄就会在河岸的潮湿地带挖一个洞，藏在湿润的洞里夏眠，等到雨季来临才会再次活跃起来。

非洲肺鱼

非洲肺鱼在旱季时会建造一个坚固的小泥洞，小泥洞上留有一个小小的呼吸孔，肺鱼就在泥洞里夏眠，它可以不吃不喝，直到长达 6 个月的旱季过去才会再次出来。

泥鳅

当夏季河水干枯时，泥鳅便会钻进河床的泥浆中夏眠，等到河水充沛时再出来活动。在此期间，泥鳅仅靠着身体内特殊的肠子进行呼吸，维持生命。

蜗牛

蜗牛喜欢阴暗潮湿的环境。高温干旱的季节里，它会缩进壳中，然后分泌黏液，把壳口封闭起来夏眠。有的蜗牛一觉可以睡 8 个月。

海参

每到夏季，海底的小生物们就会游到浅海区进行繁殖活动，生活在海底的海参缺少了食物，只好躲起来夏眠，静待小生物们回归。

瓢虫

寒冷的冬季来临时，瓢虫们会聚集在树桩下、岩石缝或者枯叶堆等干燥的地方，一起用冬眠的方式度过漫长的严冬。

刺猬

寒冷的冬季，刺猬会蜷缩在枯枝或落叶堆里冬眠，不吃不喝，也不怎么呼吸，心跳每分钟只有 10 ~ 20 次。

黑熊

黑熊会在秋天大量进食，将食物转变成脂肪储存起来，然后整个冬季蛰伏在洞中，不吃也不动，处于半睡眠状态，直到第二年三四月份才会出来活动。

阿豪，你能不能别偷懒啦！
好啦，好啦，看我的大力金刚铲！
哎呀，挖到老鼠洞了。
天啊！
老鼠！
这是怎么回事儿？
可能是老鼠挖洞发现了这条冬眠的蛇，把它吃掉了。
“蛇吃鼠半年，鼠吃蛇半年”，这话一点儿都没错！

避暑驱寒有妙招儿

大多数动物既不夏眠也不冬眠，它们有自己的办法来度过炎夏或寒冬。

白蚁

当温度特别高的时候，白蚁就会钻进蚁巢里“纳凉”。它们的蚁巢上半部分是高高的蚁丘，里面挖有换气的通道，能够冷却蚁巢中流通的空气，使蚁巢里面十分凉快。

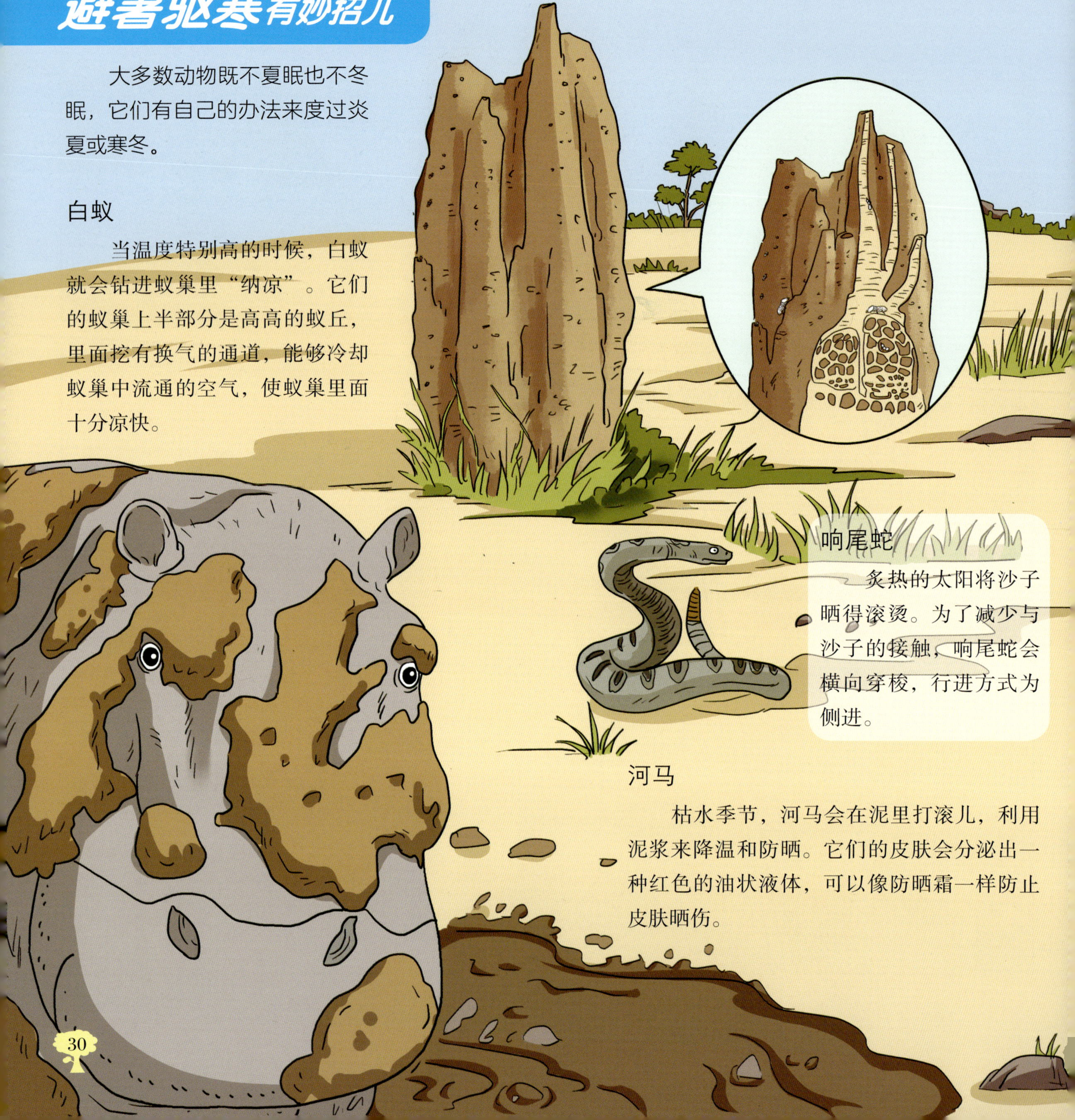

响尾蛇

炙热的太阳将沙子晒得滚烫。为了减少与沙子的接触，响尾蛇会横向穿梭，行进方式为侧进。

河马

枯水季节，河马会在泥里打滚儿，利用泥浆来降温和防晒。它们的皮肤会分泌出一种红色的油状液体，可以像防晒霜一样防止皮肤晒伤。

蜜蜂

为了使蜂房保持凉爽，有的工蜂会给蜂房周围洒水降温，还有的工蜂在蜂房入口处使劲地扇动翅膀，使空气流通，水分蒸发，从而达到降温的目的。

鸸鹋

鸸鹋的头部长着长长的毛，就像一个遮阳帽，帮助鸸鹋遮挡沙漠里刺眼的光线。

铲吻蜥蜴

铲吻蜥蜴常常会在沙漠中交替着抬起爪子，像是在跳舞一样，其实它只是以交替抬起爪子的方式来散热降温。

帝企鹅

在最冷的时候，帝企鹅会抱团取暖。成年帝企鹅会自发在团队的内外层轮换位置，中间的位置温度最高能达到30℃，非常暖和。

海獭

一只海獭身上差不多有十亿根毛，这些毛又稠又密，连水都很难渗透进去。因此，即使它们常年生活在北太平洋的寒冷海域，也不怕冷。

松鸡

松鸡大部分时间是在地上活动的，它们的脚上有一层厚厚的羽毛，就像穿着一双雪地靴一样，既保暖，又能帮助它们在雪地上保持平衡。

博士，没想到你搓背技术这么好。
吧唧
吧唧
博士，你也太能吃了吧？水果少了这么多？
我吃什么啦？
咕噜~
咕噜~
叽叽叽叽！
哎呀呀呀！
天太冷了，日本猕猴也会时不时出来泡个温泉呢！
原来会享受的不只有人类啊！

养育子女真辛苦

大自然中充满了各种危险，因此，许多动物在照顾宝宝的时候非常细心。它们像人类一样，将最无私的爱都给了自己的宝宝。

棕三趾鹑

棕三趾鹑雌鸟外表华丽，体形大于雄鸟。它们实行一妻多夫制，雌鸟负责产卵，有的雄鸟负责筑巢，有的雄鸟负责抱卵，有的雄鸡负责喂养小鸟，直到鸟宝宝长大为止。

环颈鸻

如果发现来袭的田鼠或黄鼬，环颈鸻父母便会假装成受伤的样子，趴在地上艰难地行走，将危险的敌人引开，为宝宝争取逃生的机会。

苏拉冢雉

雄性苏拉冢雉会将各种树叶、沙土堆积起来，以枯叶腐烂后产生的热量孵卵，并随时监测和控制土堆中的温度，防止过热。

鸽子

鸽子宝宝破壳后，鸽子妈妈的嗉囊里便会分泌鸽乳，鸽子宝宝会把嘴伸进鸽子妈妈的嘴巴里，通过嘴对嘴的方式吸食妈妈嗉囊里的鸽乳。神奇的是，当鸽子爸爸看到这个情景之后，嗉囊里也会产生鸽乳，这样就可以和鸽子妈妈轮流喂养宝宝了。

红嘴弯嘴犀鸟

在繁育期，红嘴弯嘴犀鸟妈妈会自己待在仅留一个小孔的鸟窝里孵卵，鸟爸爸外出觅食，将食物喂给鸟妈妈，直到宝宝长大为止。

南美三趾鸵鸟

南美三趾鸵鸟非常有趣，在鸟妈妈产卵之后，鸟爸爸会承担起孵卵的任务，并在宝宝破壳后继续悉心养育宝宝，直到宝宝的个头长到和爸爸差不多为止。

袋鼠

刚出生的小袋鼠只有一颗花生那么大，半年后，当它离开袋鼠妈妈的育儿袋时，体重能达到15公斤。袋鼠妈妈必须长时间揣着宝宝活动，这真是种甜蜜的负担啊！

慈鲷鱼

慈鲷鱼会将鱼卵含在嘴里孵化，在此期间，慈鲷鱼爸爸和慈鲷鱼妈妈无法进食，非常辛苦。在鱼宝宝长大之前，慈鲷鱼父母的嘴还需要充当孩子们的安全小屋。

鳑鲏和河蚌

鳑鲏会将卵产在河蚌体内，让河蚌帮助自己孵卵。与此同时，河蚌也会将自己的受精卵喷到鳑鲏身上，让幼崽吸食鳑鲏身体的养分，真是一对互相帮助的好朋友呢！

海马宝宝跟着妈妈游啊，游啊！
阿豪，那是海马爸爸，小海马是由爸爸孵出来的。
叶海龙宝宝跟着妈妈游啊，游啊！
阿豪，叶海龙也是由爸爸孵出来的。
动物的世界真是神奇！

超能力和新科技

身怀特殊本领的动物有很多很多，它们的某些“超能力”给人类带来很大的启发。人类模仿它们，研制出了许多作用极大的新科技。

蝴蝶

蝴蝶翅膀上的鳞片可以根据温度进行开合，以此控制自身的体温。科学家们因此受到了启发，为卫星设计了类似的专用控温系统，解决了卫星在太空中遭遇的温差问题。

蜻蜓

蜻蜓每个翅膀前段上方都有一块深色的角质加厚区，正是有了它，蜻蜓才能又快又稳地飞行。人们将这一点运用到了飞机的机翼上，飞机飞行时才可以又快又平稳。

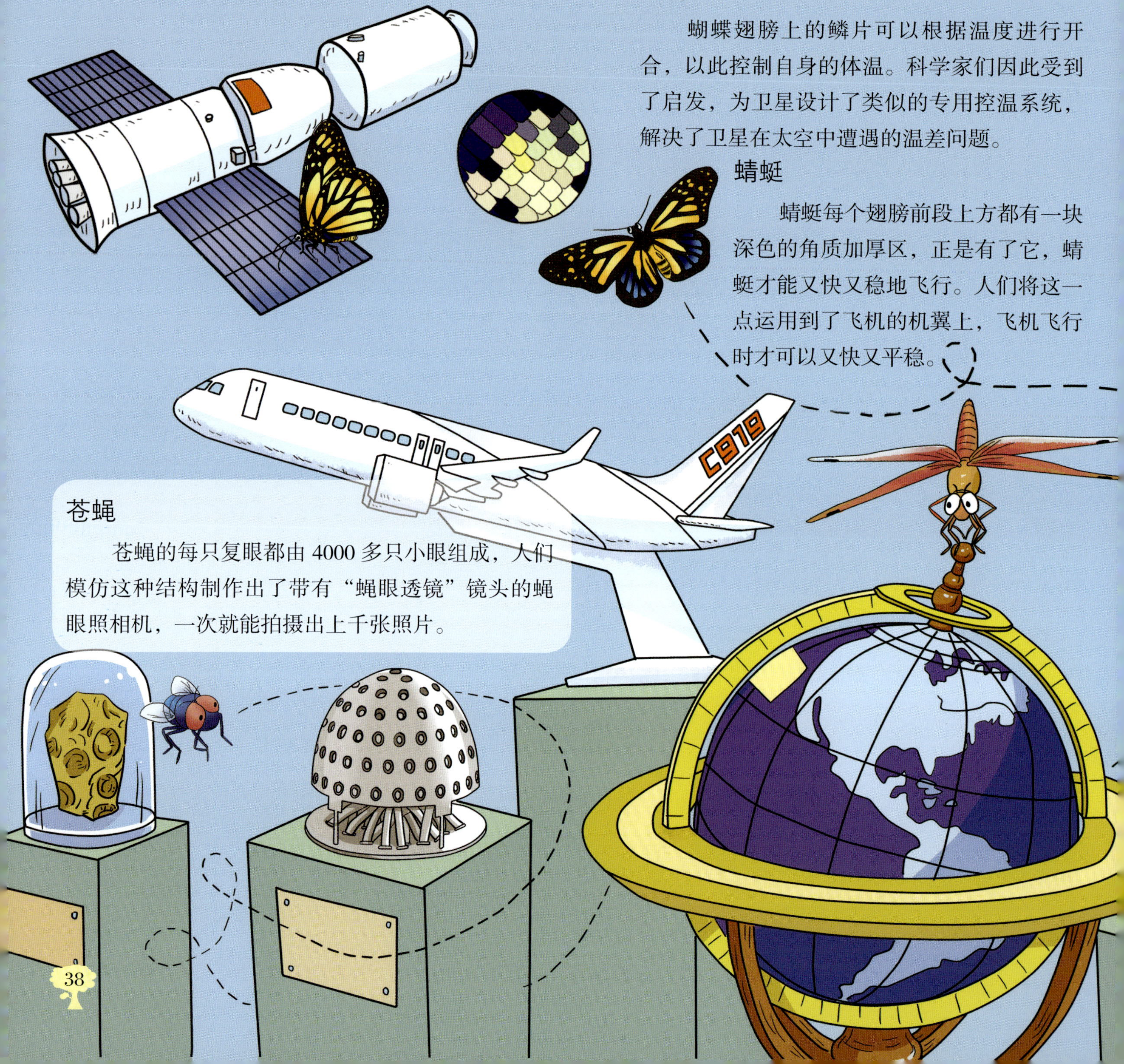

苍蝇

苍蝇的每只复眼都由 4000 多只小眼组成，人们模仿这种结构制作出了带有“蝇眼透镜”镜头的蝇眼照相机，一次就能拍摄出上千张照片。

萤火虫

萤火虫身上有独特的发光细胞，可以将能量以光的形式释放出来。正是参考了这种特性，科学家们才发明了冷光灯。

青蛙

青蛙的视网膜神经非常强大，能够在快速移动的物体中，一眼分辨出自己喜欢的食物。科学家们模仿蛙眼研制出了“电子蛙眼”，可以快速地识别行动中的目标。

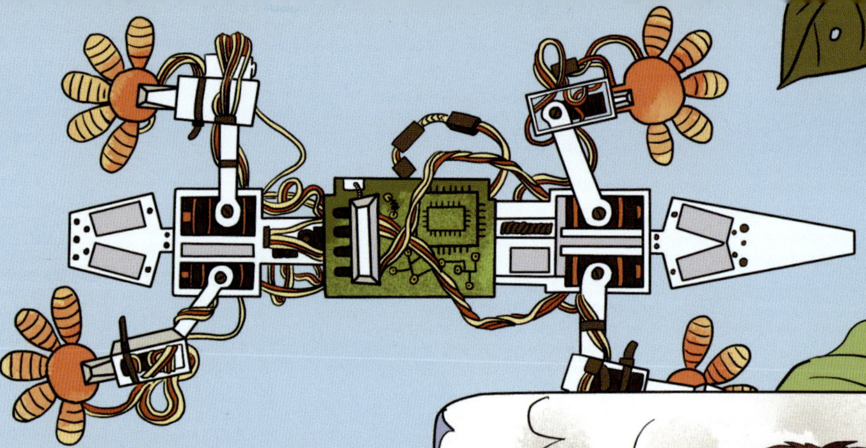

壁虎

壁虎能“飞檐走壁”，全是靠脚底那数百万根刚毛的吸附力。人们根据壁虎的这种特性发明了“壁虎胶带”，目前已应用在了多种攀爬机器人上。

野猪

野猪喜欢用鼻子拱地，地上的土壤和落叶就像过滤器一样，将吸入的有害气体过滤掉了。人们利用这个习性发明了防毒面具，至今防毒面具的外形仍然和野猪鼻子颇为相似。

翠鸟

翠鸟的喙像刀子一样尖利，俯冲入水的瞬间只会产生轻微的涟漪。发明高速列车的工程师们参考翠鸟的喙，将车头进行了改造，这样的列车速度最快、能耗最低。

听说这是一起人为纵火案件，真是太可恶了！
希望警察叔叔能赶紧抓住纵火犯！
博士在干什么？
博士，你给警察叔叔送了什么东西呀？
电子警犬，它是一种模仿狗鼻子制作的气体传感器，它能帮助警察快速找出纵火犯。
太棒啦！

千奇百怪的脚

为了能够适应自然环境，动物们的脚进行了复杂的进化。它们形状各异，有的可以攀登垂直的墙面，有的可以用尖尖的刺来击败对手，真的特别神奇。

大象

大象的脚掌厚实、粗糙且凹凸不平，这样的脚掌可以防止它滑倒。每次抬脚时，大象的脚趾都会膨胀，落地时面积随之增大，帮助它稳稳撑住那庞大的身躯。

马

很久以前，马的脚趾有很多，为了让自己跑得更快、更远，马在进化过程中，脚趾变得越来越少，最终变成没有脚趾的、坚硬的蹄子。

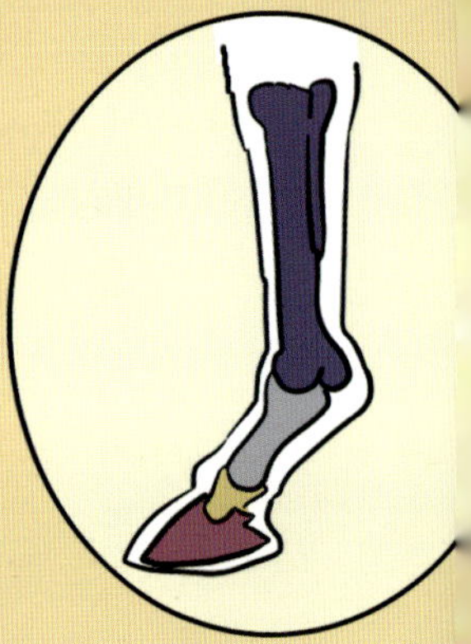

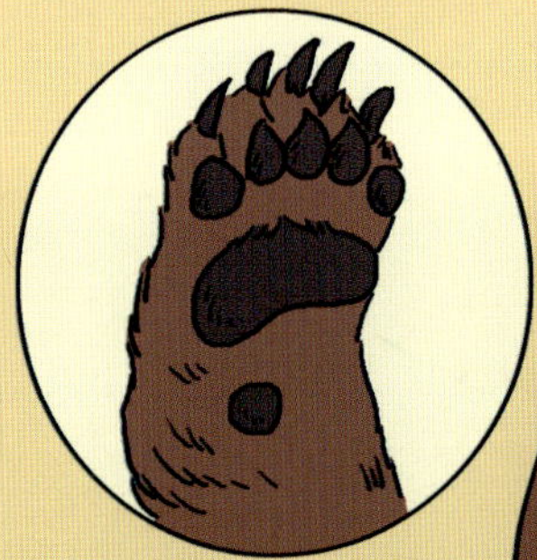

熊

熊掌又厚实又大，上面长有长长的钩子。熊虽然跑得速度不快，但长着钩子的熊掌既能爬树，又能挖洞，抓鱼更是不在话下。

狮子

狮子的脚掌中间是软软的肉垫，跑起来没有声音，可以帮助它悄悄地接近猎物。等到捕猎时，藏在肉垫中的利爪便会伸出来，给猎物致命一击。

穿山甲

穿山甲的爪子比较坚硬且向后弯曲，就像一把锋利的小锄头，非常适合挖洞。它挖洞的速度非常快，挖的洞十分宽敞。

骆驼

骆驼的脚掌较大，脚底宽厚，这样的脚行走在沙漠之中不易陷入沙子里，即使负重行走，也能像走在平地上一样。

金雕

金雕被称为“猛禽之王”，一半要归功于它如匕首般锋利的爪子，狍子、岩羊、狐狸等动物都是它的爪下亡魂。

非洲鸵鸟

非洲鸵鸟是世界上现存鸟类中唯一的二趾鸟类。它的内脚趾较大且厚实，外脚趾较小，所以大大减少了脚掌与地面的摩擦力，再加上它粗壮的双腿，使非洲鸵鸟跑起来可以健步如飞。

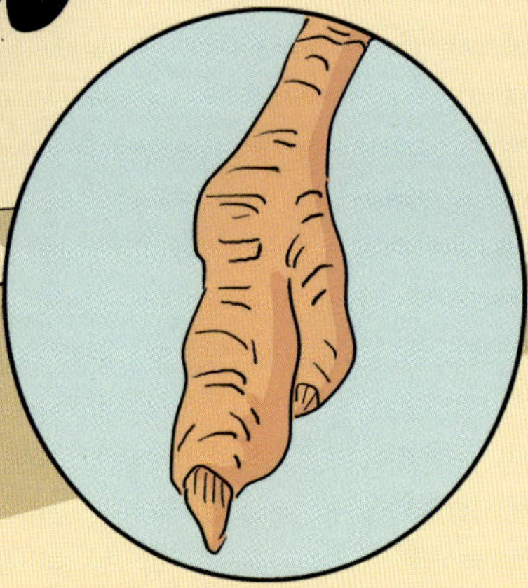

啄木鸟

啄木鸟是少有的、能够直立在树干上的鸟类，因为它的爪子上有两个弯曲朝向后方的脚趾，可以紧紧地抓住树干，托住身体，并且它的尾巴也能起到一定的支撑作用。

这里发生了什么？！
这是谁干的好事？！
我看看是谁来做客了。
只要仔细分辨这些脚印，我们就一定能找出这个不速之客。
都怪你出门不关窗户！
我们的晚饭泡汤了。
只好重新做饭啦！